LE
VIGNOBLE

DU

HAUT-RHIN

par J. LIBLIN.

COLMAR

CHEZ EUGÈNE BARTH, LIBRAIRE.

LE
VIGNOBLE
DU
HAUT-RHIN.

LE
VIGNOBLE

DU

HAUT-RHIN

par J. LIBLIN.

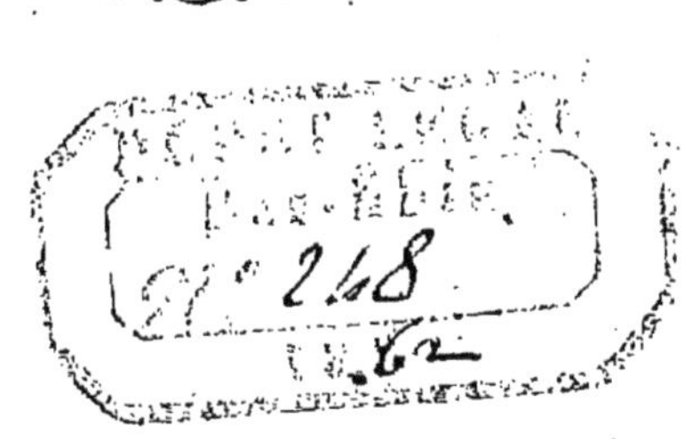

COLMAR

CHEZ EUGÈNE BARTH, LIBRAIRE.

1862

STRASBOURG, IMPRIMERIE DE G. SILBERMANN.

VIGNOBLE DU HAUT-RHIN.

I.

La situation du vignoble de la Haute-Alsace a fourni, dans d'autres temps, le texte de dissertations qui, à force de tourner à la science, sont devenues, au bout de quelques années, aus i ennuyeuses que sans portée. Nous en avons sous la main une provision considérable et de toutes les époques. Les plus anciennes ne sont pas les plus faibles, bien au contraire; ce qui tendrait à prouver qu'il ne suffit pas de se livrer à l'improvisation pour élucider les faits économiques. Aujourd'hui les lieux-communs d'autrefois constituent un thème usé jusqu'à la corde, mais il ne faudrait pas répondre que s'il redevenait de mode de sauver le vignoble, qui, Dieu merci ne va pas trop mal, les banales théories ne ressaisiraient l'empire qu'elles ont perdu.

Si nous avons beaucoup de matériaux concernant la culture, les bons et les mauvais cépages, l'effeuillage, les bans de vendange, les diverses manières de fabriquer et de traiter

les vins, les considérations relatives aux dé-
bouchés commerciaux etc. etc., nous ne pos-
sédons que deux documents relativement à la
consistance de la culture de la vigne dans le
département.

Le premier date de l'époque de l'a hève-
ment du cadastre. Le recensement établi par
nous en 1846, assigne une superficie de 9061
hectares à l'arrondissement de Colmar, de
1486 hectares à l'arrondissement de Mulhouse
et de 703 hectares à l'arrondissement de Belfort, soit ensemble 11,250 hectares ou un hectare sur 33 de la superficie cultivée du département.

Rapportée à chacun des arrondissements,
cette proportion s'exprime ainsi: arrondissement de Colmar, 1 hectare en nature de vignes sur 17 hectares de la superficie cultivée;
arrondissement de Mulhouse, 1 hectare sur
67, et arrondissement de Belfort, 1 hectare
sur 175.

Les différences établies par ce rapproche-
ment conduisent à cette conclusion : le vignoble de la Haute-Alsace est circonscrit dans l'arrondissement de Colmar. Ce fait est d'ailleurs
conforme à la notoriété.

On a beaucoup gémi sur la tendance de la
viticulture à envahir la plaine. On a fait va-
loir beaucoup d'arguments plus ou moins

sensés pour combattre cette tendance; on est même allé jusqu'à demander une loi qui circonscrive cette culture aux versants de nos montagnes. Mais rien n'a servi : les choses ont suivi leur cours naturel, au gré des convenances particulières et, si l'on veut, des caprices de la liberté la plus illimitée. Trente années de prédication dans les comices, les congrès, les journaux, les brochures et les toasts n'ont donc pas empêché que certains cantons de la plaine soient enlevés à la culture du froment, de la betterave ou de la pomme de terre pour être consacrés à la culture de la vigne; et l'on est dans la vérité, en constatant aujourd'hui, qu'aucune des perturbations économiques prévues par les plus doctes prédicateurs ne s'est réalisée.

Il semble que sous l'empire de la tendance, que l'on croyait alors devoir combattre, et que l'on a combattue en vain, la culture de la vigne ait dû prendre de l'extension. La conséquence est vraie pour l'arrondissement de Mulhouse; elle ne l'est pas pour les arrondissements de Colmar et de Belfort.

En 1861, l'administration a dressé la statistique de la viticulture, et les résultats de cette opération, comparés à ceux de la statistique de 1846, accusent une différence en moins de 278 hectares pour l'arrondissement de Colmar, de 422 pour l'arrondissement de Belfort, et une différence en plus de 1336 pour l'arrondissement de Mulhouse, de sorte qu'en somme la culture de la vigne, dans le département, a augmenté de 636 hectares pendant les quinze dernières années.

La diminution éprouvée par l'arrondissement de Colmar est peu appréciable relativement à la superficie affectée à cette culture; elle l'est davantage en ce qui concerne l'arrondissement de Belfort, où, pour peu que cela continue, la vigne aura bientôt totalement disparu, à l'exception de quelques communes des cantons de Thann et de Cernay qui possèdent des coteaux éminemment propres à ce genre de culture.

L'augmentation afférente à l'arrondissement de Mulhouse n'est pas moins digne de remarque: la culture de la vigne a doublé d'importance durant la même période, et, pour peu que là aussi cela continue, le temps n'est pas loin où elle aura acquis un développement qui placera cette contrée au nombre des pays vignobles.

Le Sundgau paraît donc vouloir imiter l'exemple de certains districts suisses et badois; quelques communes de la plaine de Colmar en font autant, et l'on trouvera peut-être, dans ce concours de circonstances, l'ex-

plication de l'état de gêne qu'éprouve parfois
le vignoble proprement dit.

Dans l'arrondissement de Colmar, nous re-
censons vingt-cinq communes situées dans la
plaine et jusque sur les bords du Rhin, dans
lesquelles la culture de la vigne a définitive-
ment pris droit de cité; ce sont : Issenheim,
Jebsheim, Guémar, Niederhergheim, Ensis-
heim, Feldkirch, Gundolsheim, Ruestenhart,
Nambsheim, Sundhoffen, Wiedensohlen, Ober-
hergheim, Meyenheim, Merxheim, Sainte-
Croix-en-Plaine, Réguisheim, Horbourg, Ur-
schenheim, Wihr-en-Plaine, Houssen, Ober-
saasheim, Bollwiller, Niederentzen et Ober-
entzen. L'importance de cette culture n'est
que de 271 hectares, soit en moyenne 11
hectares par commune. Si nous ajoutons
à cette superficie l'augmentation signalée
pour l'arrondissement de Mulhouse, nous
constaterons que, depuis quinze ans, 1607
hectares ont été distraits de la culture ordinaire pour être affectés à celle de la vigne
dans des communes dont la consommation
privée et la consommation publique étaient,
jusque dans ces derniers temps, tributaires du
pays producteur.

Cette concurrence a nécessairement restreint,
dans une proportion équivalente, le marché
qui appartenait, de temps immémorial, aux

communes dont la culture de la vigne est la
seule ou la principale industrie. Si, d'un autre côté, l'on tient compte de l'effet non moins
sensible résultant des restrictions douanières
adoptées, par voie de représailles, dans les
pays limitrophes, on aura, comme nous l'avons
dit plus haut, les raisons de l'état de gêne qui
a pesé, dans de certains moments, sur notre
vieux pays vignoble.

Or, nous le répétons, le véritab'e vignoble
du Haut-Rhin ne va pas trop mal depuis que
l'on a cessé de lui tâter le pouls, et l'on peut
en conclure que, malgré la liberté laissée à la
plaine d'user de sa propriété comme elle
l'entend, malgré le développement d'une culture similaire dans le Sundgau et ailleurs,
malgré enfin les entraves apportées à l'entrée
des pays voisins, il est doué d'une assez
grande force pour prospérer dans des con-
ditions autres que celles que l'on a vainement
essayé de lui conserver.

Mais quel est ce vignoble, quelle est son importance commerciale?

C'est ce que nous établirons dans le pro-
chain paragraphe.

II.

Nous avons dit que le vignoble du Haut-Rhin est circouscrit dans l'arrondissement de Colmar. Sur cent quarante communes dont se compose cet arrondissement, soixante-quatorze, c'est-à-dire plus de la moitié, se livrent à la viticulture. Mais, dans l'arrondissement de Colmar, comme dans celui de Mulhouse, et une partie de celui de Belfort, il y a des communes où cette culture n'est pratiquée qu'en vue de la consommation locale; celles qui sont situées dans la plaine, et que nous avons citées précédemment, sont de ce nombre et doivent par conséquent être retranchées du vignoble proprement dit. Il en reste ainsi cinquante-neuf, assises au pied ou sur le versant oriental des Vosges, et dont, en raison de sa disposition naturelle et de la nature même du sol, le territoire est peu propre à une culture autre que celle de la vigne.

En déduisant des 8783 hectares livrés à la viticulture dans l'arrondissement, la superficie de cette même culture (271 hectares) dans les communes de la plaine, il reste 8512 hectares pour les cinquante-neuf communes formant le vignoble proprement dit, soit une moyenne de 144 hectares par commune. C'est donc de cette base qu'il faut partir pour se rendre compte de l'importance du produit annuel au point de vue commercial.

On évalue généralement à trois cuveaux de raisin la récolte de cinq ares vingt centiares, ou un *schatz*, mesure ancienne. Ainsi vingt *schatz* sont, à une fraction près, l'équivalent de un hectare; de sorte que le produit de un hectare serait de soixante cuveaux de raisin. Chaque cuveau fournit, au minimum, un hectolitre de liquide, et dans certaines communes, où les cuveaux sont plus grands qu'ailleurs, ce produit est de un hectolitre et demi. Telle est la donnée ordinaire.

Afin de ne rien exagérer et de demeurer plutôt au-dessous que d'aller au delà de la réalité, nous réduisons d'un tiers cette base de notre calcul et nous disons : que le produit d'un hectare est en moyenne de quarante hectolitres. Or, si nous appliquons ce chiffre à la superficie livrée à la culture de la vigne, nous obtenons 340,480 hectolitres comme moyenne annuelle du produit de la récolte dans la totalité du vignoble.

Quelle est la part qu'il convient de faire à la consommation domestique du producteur?

Selon quelques-uns, elle ne dépasse point le dixième de la récolte; selon d'autres, elle serait de la septième partie de ce produit;

selon tous, elle n'atteint jamais le cinquième. Fixons-la au tiers, afin de ne risquer aucune évaluation exagérée au point de vue qui nous préoccupera désormais. Il restera ainsi annuellement, et de toute certitude, 210 à 215,000 hectolitres destinés à la vente.

Ramenée à ces proportions, fort-restreintes, la quantité livrée au commerce ne laisse pas que de représenter une valeur très-importante. Il est de notoriété, et généralement admis, que les vins de meilleure qualité sont ceux que le producteur réserve pour la vente et que la consommation domestique repose presque exclusivement sur ceux de qualité inférieure. Or, dans les communes des meilleurs crûs, l'hectolitre de vin vieux est toujours au prix de 30 à 36 fr.; dans les autres ce prix oscille entre 25 et 30 fr.; la moyenne serait donc de 30 fr. l'hectolitre.

Si nous appliquons ce chiffre à la quantité que nous considérons comme ressource commerciale, nous arrivons à constater que, année commune, la richesse commerciale du vignoble représente un capital de 6,450,000 fr., soit en moyenne 110,000 fr. pour chacune des cinquante-neuf communes qui constituent ce vignoble.

Ce résultat, nous en avons la certitude, ne sera pas accusé d'exagération ; il court le risque contraire, surtout si on le rapporte aux trente-deux communes dont la superficie emplantée de vignes atteint et dépasse 100 hectares pour chacune d'elles.

Ce sont : Ammerschwihr, Bergheim, Bennwihr, Beblenheim, Colmar, Eguisheim, Gueberswihr, Saint Hippolyte, Herrlisheim, Hattstatt, Ingersheim, Kaysersberg, Kientzheim, Katzenthal, Mittelwihr, Hunawihr, Orschwihr, Pfaffenheim, Rouffach, Rorschwihr, Ribeauvillé, Riquewihr, Sigolsheim, Soultz, Soultzmatt, Türckheim, Wihr-au-Val, Wuenheim, Wintzenheim, Wettolsheim, Westhalten et Zellenberg.

Ces trente-deux communes possèdent ensemble 7682 hectares de leurs bans livrés à la culture de la vigne. Si nous avions voulu nous en rapporter à la moyenne officielle du produit, et ne baser nos calculs que sur les chiffres qu'elle présente, nous serions arrivé, pour elles seules, à un produit moyen de passé 330,000 hectolitres et à une valeur de plus de 10,000,000 de francs.

Mais, nous l'avons dit, pour avoir une certitude inattaquable, et qui suffira à nos conclusions, nous avons préféré encourir le reproche d'être resté au-dessous de la réalité, plutôt que de mériter celui de l'avoir outrepassée.

Où va le produit de notre vignoble destiné au commerce? Hélas! il n'est que trop vrai qu'il manque du débouché qui lui conviendrait. Les communes du département qui ne cultivent pas la vigne et ne peuvent la cultiver, constituent son marché principal; la Suisse encore y entre pour une part assez notable, mais qui diminue de jour en jour. Le négoce du Midi y fait aussi, en de certaines années, des achats considérables pour fabriquer, avec les gros vins rouges de cette partie de la France et nos vins d'Alsace, les vins de luxe qui nous reviennent dans de superbes bouteilles et avec de brillantes étiquettes. Vers le Nord, ce marché ne peut s'étendre, car des 12,800 hectares de vigne que cultive le Bas-Rhin (1), l'arrondissement de Schlestadt en possède la moitié dont les produits barrent naturellement le chemin à ceux du vignoble du Haut-Rhin. Est-ce à l'ouest que ces derniers se dirigeront? Cela n'est guère possible; car la Haute-Alsace est, pour ainsi dire, sans communication avec les Vosges. Est-ce à l'Est? Non évidemment; car, outre que là aussi il y a absence de voies de communication faciles, la question se

(1) Voy. *Statistique de la viticulture dans le département du Bas-Rhin*, par M. le professeur Kirschleger. — *Annuaire du Bas-Rhin de 1848.*

complique de tarifs douaniers à l'entrée de l'Allemagne.

Aussi le vignoble alsacien, pressé de tous les côtés par des entraves qu'il n'a jamais songé à combattre, s'est résigné à vivre des propres ressources du pays. Les neuf dixièmes de ses vins attendent paisiblement dans les caves la visite de l'acheteur; et lorsque celui-ci aura été suffisamment importuné par l'offre à domicile des autres vignobles, il perdra peu à peu l'habitude de venir s'approvisionner dans le pays d'une marchandise qui lui a été offerte et livrée, sans dérang ment, d'une extrémité à l'autre de la France.

Il y a une trentaine d'années seulement que l'arrondissement de Belfort tout entier connaissait encore le chemin de notre vignoble ; depuis vingt ans, il l'a beaucoup désappris. La Bourgogne et le Jura nous ont enlevé une grande partie de cette clientèle, et là où l'on ne trouvait que nos vins blancs, règnent aujourd'hui, en maîtres, les vins rouges de ces contrées.

Ce concours de circonstances ne peut manquer de favoriser de plus en plus la concurrence qui est faite aux vins blancs d'Alsace. On constatera vainement que les vins rouges ne sont point de taille à soutenir la comparaison avec les nôtres ; les choses ne suivront pas moins le cours qui leur est imprimé, et le temps viendra où l'envahissement pourra être la cause réelle d'un amoindrissement regrettable.

Et phénomène étrange dans l'ordre des faits économiques ! ce n'est point le manque d'acheteur qui permettra au producteur d'offrir son produit à meilleur marché. C'est précisément le contraire qui doit avoir lieu ; car il est évident que plus l'écoulement est difficile et lent, plus cher aussi revient le produit au producteur, ne fût-ce que par l'effet de la déperdition résultant du transvasement, les frais d'un long entretien et l'intérêt d'un capital inactif.

Or, nous l'avons dit précédemment, on s'est emparé de ces faits pour prêcher au vignoble, comme remède infaillible, le perfectionnement de sa culture par l'emploi exclusif des bons cépages, plus de méthode dans la récolte, plus de science et plus de soins dans la fabrication.

D'aucuns prétendent que le remède, si remède il y avait à conseiller, est partout ailleurs. Nous dirons dans un dernier paragraphe en quoi il consiste ; en l'écrivant nous ne ferons qu'enregistrer l'opinion de plus expérimentés que nous, opinions que d'ailleurs nous partageons pleinement.

III.

Il y a en Alsace un patriotisme très-robuste pour les choses du pays et celles qui le concernent. On nous persuaderait difficilement que la Bourgogne et le Bordelais produisent en général de meilleurs vins que les nôtres. Si dans ces provinces il y a certains crûs dont la réputation ne soit pas surfaite, nous aussi nous comptons, par douzaines, des cantons qui produisent des vins de qualités vraiment supérieures. Mais la réputation de ces produits ne franchit guère les limites de l'Alsace, et le seul privilége qui leur soit réservé est celui de recevoir, à la fin de quelques festins, les stériles louanges de personnes qui ont bien dîné.

Cette admiration, justifiée à tous égards, n'empêche pas les vins de Bourgogne et de Bordeaux de pénétrer dans les maisons de ceux-là mêmes qui tiennent en haute estime les produits du pays. La contradiction, ou plutôt l'inconséquence que ce fait implique n'est qu'apparente; il est naturel que le consommateur alsacien, sans dédaigner les vins que le pays lui offre en abondance, aime encore à goûter ceux d'autres contrées et qu'il fasse même, lorsque sa bourse le lui permet,

des sacrifices pour se donner cette satisfac-
tion. Il en résulte, cela est vrai, une concurrence sérieuse au vignoble alsacien sur le
marché, déjà restreint, qui, en d'autres temps,
lui était acquis. Mais telle est la loi de notre
économie moderne, qu'à moins de rétablir les
barrières brisées par la révolution, l'empiète-
ment est inéluctable et ne fera que grandir.

En effet, on se laisse séduire en Alsace
aussi bien qu'en d'autres pays, par l'offre toujours gracieuse, importune quelquefois, des
agents du négoce étranger à la province. Si nous
ajoutons à cette cause la propagande résultant du goût et des habitudes importés par les
fonctionnaires de l'Etat qui se succèdent dans
nos villes et nos bourgs, puis la mode et l'esprit d'imitation inné dans l'homme, on con-
cevra qu'à la longue ce qui n'était d'abord
que complaisance et courtoisie, finira par de-
venir habitude, hygiène et nécessité. Cela est
si vrai que, depuis quelque vingt ans, la
conséquence a passé à l'état de fait accom-
pli dans un grand nombre de familles aisées.

On ne saurait, à notre avis, en conclure que
les vins étrangers ont des vertus que la nature a refusées à ceux du pays. Leur principal
mérite est dans la renommée qu'une propagande aussi intelligente qu'intéressée a faite
à leur provenance et dans les prix qui met-

tent ces vins hors de portée pour la consommation vulgaire. Or, c'est la clientèle aisée
qui ferait la prospérité du vignoble alsacien,
et c'est précisément celle-là qui lui fait défaut,
même sur le marché qui est censé lui appar-
tenir.

Il n'est pas un touriste qui soit sorti d'une
auberge un peu bien tenue de nos bonnes
communes vignobles, sans être émerveillé de
l'excellence du vin qui lui a été servi pour le
reconforter. Ce qui l'étonne surtout, c'est que
ce vin, produit moyen du bon, soit livré dans
des vases réservés aux liquides les plus com-
muns ; il juge nos bons vins dignes des vases
les plus somptueux et croit les profaner en ne
les consommant pas avec le respect que l'on
accorde aux choses excellentes. Maintes et
maintes fois nous avons eu l'occasion de saisir
cette vérité dans des bouches non suspectes,
et de faire à notre tour une propagande dont
les bénéficiaires nous ont toujours su gré. Au
cœur de la France, nous avons bu, en com-
pagnie de gourmets compétents, d'excellents
vins du Rhin provenant de Ribeauvillé, de Riquewihr et de Beblenheim. C'étaient de véri-
tables Johannisberg, empotés dans des flacons
de ce crû par ceux-là mêmes qui en faisaient
les honneurs. Les cas de l'espèce de celui que
nous citons abondent pour établir la bonne

qualité et les vertus des produits de notre vignoble. Il n'est personne qui ne soit en mesure de fournir des attestations analogues et de contribuer ainsi à prouver péremptoirement que nos vins ne sont pas en possession de la renommée qu'ils méritent.

Si cela est vrai, on comprend difficilement qu'ils ne soient point parvenus à la célébrité dont nous les jugeons susceptibles ; on ne comprend encore pas que les hommes qui s'intéressent à la prospérité du vignoble lui aient, depuis le commencement de ce siècle. prêché, comme moyen de salut, des perfectionnements plus ou moins doctes, plus ou moins praticables, pour élever encore à un degré supérieur des fruits excellents déjà, mais qui ne trouvent pas dans un débouché régulier la juste rémunération due au producteur.

Ces conseils sont excellents, nous ne le nions pas ; mais de l'avis des personnes auxquelles nous faisons allusion à la fin de notre dernier paragraphe, ils ont le tort grave d'être prématurés, sinon inutiles. Ce n'est pas à donner au vignoble ce qu'il possède déjà, mais à lui donner ce qui lui manque qu'il faut songer ; le reste lui viendra par surcroît. La vraie science pratique ne manquera pas de se substituer à la *prétendue routine*, quand le producteur trouvera dans la vente de sa récolte une rémunération d'autant plus satisfaisante que son produit sera meilleur. Aussi bien que le viticulteur de cabinet, il fera son profit de la science élémentaire consignée dans les livres et les manuels qui ont défrayé la prédication prodiguée depuis cinquante ans.

Ce qui manque au vignoble, nous l'avons dit, c'est le débouché convenable. Et pourtant ce débouché existe; seulement on n'a jamais su le lui conquérir. De même que les vins de la Bourgogne, du Bordelais et du Midi pénètrent en Alsace, de même aussi les vins d'Alsace sont susceptibles de pénétrer partout ailleurs que là où ils ont accès jusqu'à ce jour. Mais ils n'y arriveront que par le secours de l'esprit commercial et nullement par l'action isolée du producteur, rivé au sol et peu apte à recommander lui-même ses produits, à faire leur réputation, leur renommée qui, nous le répétons, est tout autant l'œuvre de la vie commerciale que le résultat des vertus de la marchandise.

On a proclamé parmi nous, sur tous les tons et à tout propos, que Colmar et ses environs sont « ville et pays essentiellement agricoles. » Ce refrain s'est toujours produit par opposition à la vie industrielle et commerciale. C'est une formule à laquelle on donne une apparence officielle et qui a été adoptée trop aveuglément. Si Colmar et ses environs n'étaient qu'agricoles, ils seraient fort peu de chose. Mais ils sont plus que cela : l'industrie s'y est établie partout et y a prospéré; le commerce y est actif, mais s'y est peu développé, grâce à l'esprit rebelle à la vie moderne qui a pesé trop longtemps sur la direction des affaires de notre ville et en a éloigné tous les éléments de prospérité commerciale. L'agriculture elle-même, cette bonne fille tant caressée, y est demeurée stationnaire et ne prospérera que parallèlement aux autres branches de l'activité sociale, auxquelles des administrations intelligentes, et plus soucieuses du bien public que de la *gloire* attachée à la fonction, s'efforcent de donner une tardive et juste réparation.

Aujourd'hui, et à propos du vignoble, le monde commercial se préoccupe d'une solution que les « amis de l'agriculture » avaient sous la main et qu'ils n'ont pas su ou voulu ramasser. La halle aux blés de Colmar est très-fréquentée par la raison toute simple que le rayon fournit beaucoup de blé. Une halle aux vins le serait également et pour le même motif. Pourquoi Colmar, « centre essentiellement agricole, » puisque agricole il y a, ne deviendrait-il pas le marché principal du vignoble? Telle est la question que fait en ce moment le monde commercial et à laquelle il veut répondre non par des tirades verbeuses, mais par des faits.

Entre l'exi tence d'une halle aux blés et la création d'une halle aux vins, il y a la différence d'une institution qui veut être réglementée par l'autorité et d'une institution similaire, dont la mission toute commerciale ne peut relever que de l'initiative privée.

Nous sommes en mesure d'annoncer à nos concitoyens et comme conclusion de notre critique, que c'est en partant de cette base que la question a été mise à l'étude, il y a quelques semaines, et que le temps n'est probablement pas loin où la solution élaborée sera soumise à l'appréciation publique.

C'est de cette institution que dépend, non le remède, mais la prospérité de notre vignoble; car c'est d'elle que doit émaner la vie et l'action complémentaires qui manquent à l'une des plus glorieuses branches de notre richesse locale.

Strasbourg, typographie de G. Silbermann.